ABHANDLUNGEN DER DEUTSCHEN AKADEMIE
DER WISSENSCHAFTEN ZU BERLIN

Klasse für Mathematik, Physik und Technik
Jahrgang 1962 Nr. 3

NEUERE ERGEBNISSE MOLEKÜLSPEKTROSKOPISCHER UNTERSUCHUNGEN

Kolloquium über Molekülspektroskopie der Kommission für Spektroskopie der Deutschen Akademie der Wissenschaften zu Berlin
Dresden, am 1. September 1961

Mit 15 Abbildungen
und 6 Tabellen

AKADEMIE-VERLAG · BERLIN
1962

Vorgelegt von Herrn Görlich in der Klassensitzung vom 12. Oktober 1961

Zum Druck genehmigt am gleichen Tage, ausgegeben am 19. April 1962

Erschienen im Akademie-Verlag GmbH, Berlin W 8, Leipziger Straße 3—4

Lizenznummer: 202 · 100/573/62
Gesamtherstellung: VEB Druckerei „Thomas Müntzer" Bad Langensalza
Bestellnummer: 2001/62/I/3 · ES 18 B 5 und B 7, 20 L 4 · Preis: DM 5,10

INHALTSVERZEICHNIS

VORBEMERKUNG

Die folgenden Berichte wurden anläßlich eines Kolloquiums gegeben, das die Sektion Molekülspektroskopie der Kommission für Spektroskopie der Deutschen Akademie der Wissenschaften zu Berlin am 1. September 1961 am Institut für anorganische und anorganisch-technische Chemie der Technischen Hochschule Dresden unter Teilnahme von Vertretern aus Hochschul-Instituten und aus der Industrie unter Ehrenvorsitz von Herrn Professor Dr. Dr.-Ing. E. h. A. Simon veranstaltete. Sie geben eine knappgefaßte Übersicht über Arbeiten, die an dem Dresdener Institut durchgeführt wurden. Einzelheiten sind den zum Teil angeführten, zum Teil im Erscheinen begriffenen Originalarbeiten zu entnehmen. Über neuere gerätetechnische Entwicklungen aus Jena, über die auf dem Kolloquium ebenfalls beraten wurde, wird ausführlicher, als es hier geschehen ist, im technischen Fachschrifttum veröffentlicht werden.

Bericht über die in der Forschungsstelle der Sächsischen Akademie der Wissenschaften zu Leipzig in Dresden und der Forschungsstelle Prof. Dr. Dr.-Ing. E. h. A. Simon an der Technischen Hochschule Dresden durchgeführten molekülspektroskopischen Arbeiten[1])

A. Simon

Es ist ein altes, vor allem in der keramischen Chemie, sehr wichtiges, aber ungelöstes Problem, die verschiedenen nebeneinander vorliegenden Arten der *Bindungen des Wassers* in Hydroxyden, Oxyden usw. zu unterscheiden bzw. voneinander zu trennen. Dieses Problem spielt auch in der Katalyse eine bevorzugte Rolle. Die Erkenntnis, daß die katalytische Alkoholdehydratisierung bevorzugt an sauren Zentren von oxydischen Katalysatoren der 3. Gruppe verläuft und deren Wirksamkeit nicht mit der Azidität schlechthin parallel geht, veranlaßte Herrn Dusdorf am amorphen und kristallisierten α-Gallium-Hydroxyd Untersuchungen darüber anzustellen, ob und welche verschiedenen Bindungsarten des Wassers bei diesem vorliegen und so die verschiedene Qualität der sauren Zentren verständlich wird. Die Beantwortung dieser Frage hofften wir auf ultrarotspektroskopischem Wege erhalten zu können, indem wir die Valenzschwingungen des Wassers und der Hydroxylgruppe sowie die entsprechenden Deformationsschwingungen näher untersuchten. In den Ultrarotaufnahmen traten neben der Wasserbande noch 2 weitere Hydroxylschwingungen auf, deren Ursprung wir durch Deuterieren des Galliumhydroxyds sicherten. Ebenso war die Deformationsschwingung δ HOH bei 1640 cm^{-1} im Spektrum vorhanden. Wir konnten zeigen, daß die unterhalb der normalen Wasserbande bei 3400 cm^{-1} auftretenden Hydroxylschwingungen bei 3250 cm^{-1} und 2930 cm^{-1} auf Wasserstoffbrückenbindungen zurückzuführen sind. Der Versuch, das entsprechend der verschiedenen Frequenzhöhe different gebundene Wasser durch Erhitzen im Hochvakuum voneinander zu trennen, gelang. Bei etwa 150 bis 200° C verschwanden die normale Wasserbande bei 3400 cm^{-1} und die Deformationsfrequenz bei 1640 cm^{-1}, die dem Wasser an freier Oberfläche entsprechen. Oberhalb 200° C ging dann die Intensität der OH-Bande (mit längerer Wasserstoffbrücke) bei 3250 cm^{-1} stark zurück, während die Bande 2930 cm^{-1} erst bei 300 °C wesentlich an Intensität verlor. Es gelingt also, UR-spektroskopisch die einzelnen Wasserbindungsarten im Galliumhydroxyd nachzuweisen und das verschieden gebundene Wasser durch vorsichtige thermische Behandlung zu trennen. Elektronenoptische Aufnahmen weisen aus, daß das amorphe GaOOH sich verhältnismäßig leicht und rasch in das kristallisierte α-GaOOH umwandelt.

Bekanntlich sind Borate bei uns in Deutschland Mangelware, und es sind seit langem Bestrebungen im Gange, die Perborate oder Boratperhydrate, wie sie in Wasch- und Bleichmitteln zur Verwendung kommen, durch andere Perhydrate oder Perverbindungen wie *Persulfate*, *Perphosphate* oder *Percarbonate* zu ersetzen. Bei der Untersuchung des Natriumperoxydisulfates und der Natriumsulfatperhydrate hinsichtlich ihrer Verwendungsfähigkeit als bleichende Waschmittelzusätze stellten wir fest, daß das Natriumperoxydisulfat in der Lagerungsfähigkeit wie auch in der Bleichwirkung den Perhydraten weit überlegen ist. Die Bindungsverhältnisse in den Peroxydisulfaten wurden von H. Richter aufgeklärt (Diss. H. Richter, Dresden TH, 1958), wobei UR- und Ramanspektroskopische Untersuchungen

[1]) Bei der vorliegenden Zusammenstellung hat den Verf. Herr Dipl.-Chem. H. Wagner vielfach unterstützt, wofür ihm auch an dieser Stelle gedankt sei.

an den Alkalisalzen der Peroxydischwefelsäure in wäßriger Lösung und im festen Zustand für das Peroxydisulfation trans-Struktur (Sesselform) mit einem Symmetriezentrum ergaben. Die O—O-Valenzfrequenz wurde dabei gegenüber dem Hydroperoxyd um ca. 20 cm^{-1} erniedrigt bei 854 cm^{-1} gefunden und war in einigen Salzen von der im Vergleich zum Pyrosulfat (A. Simon u. H. Wagner, Z. f. anorg. u. allg. Chemie, im Druck) erhöhten S—O-Brückenbindungsfrequenz bei 834 cm^{-1} schwierig zu trennen. (Beide Frequenzen treten in Übereinstimmung mit dem Vorliegen eines Symmetriezentrums nur in den Ramanspektren auf.)

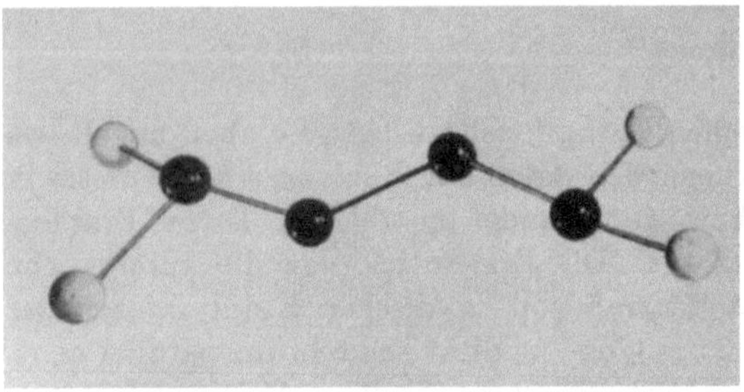

Abb. 1

Es erschien nun reizvoll, solche Untersuchungen auch an den Natriumsulfatperhydraten durchzuführen. Frl. Prass stellte dabei fest, daß sich die UR- und RE-Spektren dieser Substanzen im festen Zustand zwar im wesentlichen additiv aus den Banden der Komponenten H_2O_2 und Na_2SO_4 zusammensetzen, daneben aber neue Linien im Bereich der S—O-Einfachbindungsfrequenzen und der S—O-Mehrfachbindungsfrequenzen eine beträchtliche Verzerrung der SO_4-Tetraeder andeuten. Da sich die stärkste dieser neuen Banden als die Hauptfrequenz des HSO_4^--Ions erweist, ist im Verein mit dem Vorhandensein der dann zu erwartenden SO-Einfachbindungsfrequenz das Vorliegen einer ebenfalls beobachteten sehr kurzen H-Brücke ebenso verständlich, wie die leichte Zersetzlichkeit des Perhydrates.

Eine weitere von uns zur Zeit durchgeführte spektroskopische Arbeit befaßt sich mit *aliphatischen Azoverbindungen*. Durch vorwiegend Ramanspektroskopische Untersuchungen an Derivaten der Azodicarbonsäure (es wurden das Di-Kaliumsalz, verschiedene Ester und das Diamid untersucht) und an Azonitrilen gelang es Herrn Wagner, die Valenzfrequenz der N=N-Gruppe in diesen Verbindungen im Bereich zwischen 1560 cm^{-1} und 1576 cm^{-1} zu lokalisieren und damit zwischen den unterschiedlichen Zuordnungen der Azomethanfrequenzen von West und Killingsworth einerseits und Kahovec und Kohlrauch andererseits zugunsten letzterer zu entscheiden.

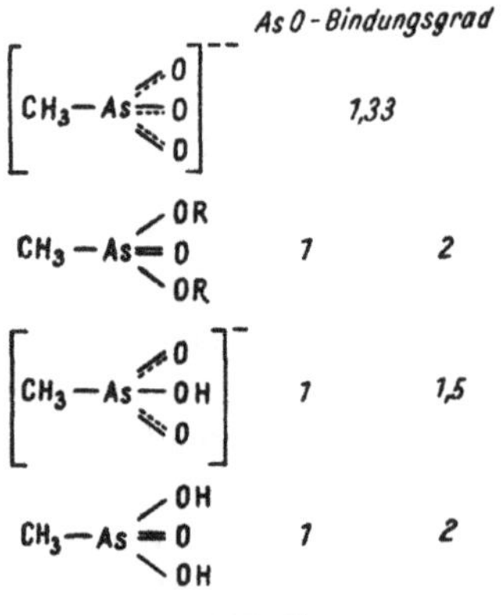

Abb. 2

Für die Struktur des Azodicarbonations konnte aus den Raman- und UR-Spektren die in der Abb. 1 dargestellte trans-Form abgeleitet werden. Eine nähere Analyse der Spektren des Azodicarbamides ließ uns auf eine fast gleichmäßige Beteiligung von ν CO und ν CN an den in der Literatur als Amidbande I und III bezeichneten UR-Absorption schließen, so daß man in diesem Falle von einer symmetrischen und antisymmetrischen Amidvalenzfrequenz sprechen kann.

Frühere Ramanspektroskopische Untersuchungen an Phosphor- und Arsensäuren und deren Salzen wurden in letzter Zeit von Herrn Schumann auf die *Methanarsonsäure und ihre Derivate* ausgedehnt. Alle untersuchten Verbindungen, es sind dies das Li-, K- und Na-Salz der Methanarsonsäure, der Methyl- und Äthylester, Hydrogenmethanarsenate und die freie Methanarsonsäure, zeigen im Raman-Spektrum als intensivste Linie die AsC-Valenzschwingungen um 620 cm^{-1}, die im Ultrarotspektrum mit mittlerer oder schwacher Intensität beobachtet wird. Die AsO-Gerüstfrequenzen werden dagegen, entsprechend den verschiedenen Möglichkeiten zu mesomerem Bindungsausgleich, der zur Ausbildung verschiedener Bindungsgrade von 1,33, 1,5 und 2 bei den einzelnen Verbindungstypen führt (s. Abb. 2), tatsächlich bei den zu erwartenden Frequenzhöhen beobachtet. Im flüssigen bzw. gelösten Zustand erscheinen diese Banden häufig stark verbreitert, so daß sich dann symmetrische und antisymmetrische bzw. entartete Schwingungen oft nicht getrennt feststellen lassen. In der Abb. 3 sind die Photometerkurven der RAMAN-Spektren des Lithiummethanarsonates teilweise reproduziert, und zwar aufgenommen sowohl in gesättigter wäßriger Lösung als auch im festen Zustand, wobei im Festkörperspektrum $\nu_s AsO_2$ und $\nu_{as} AsO_2$ deutlich getrennt erscheinen.

Bei der systematischen Untersuchung der *sauren Alkalisalze der schwefligen Säure* fanden wir, daß vom Lithium im festen Zustand nur ein neutrales $Li_2SO_3 \cdot H_2O$ existiert. Das Natriumsalz ist also $Na_2S_2O_5$ und das Kaliumsalz als $K_2S_2O_5 \cdot 2/3\ H_2O$ ($K_2S_2O_5 \cdot 4\ KHSO_3$) im festen Zustand isolierbar, während beim Rubidium und Cäsium sowohl die einfachen Hydrogensulfide als auch die Pyrosulfite kristallisiert dargestellt werden konnten. Wir folgerten, daß für das verschiedene Verhalten vor allem die Basizität der den Salzen zugrunde liegenden Alkalibasen und deren Ionengrößen maßgeblich sind. Das in dieser Reihe noch fehlende Ammoniumsalz wurde zusammen mit dem Tetramethylammoniumsalz von Frl. EHRLICH untersucht, wobei wir überraschenderweise feststellten, daß von diesen Kationen im festen Zustand nur Disulfite gebildet werden. In wäßriger Lösung tritt, wie bei allen anderen Alkalisalzen, das Gleichgewicht zwischen $S_2O_5^{2-}$, HSO_3^- und geringsten Mengen SO_3^{2-}- Ionen auf. Die sauren Ammonium- und Methylammoniumsalze verhalten sich also wie das Natriumsalz und nicht, wie man nach den Ionengrößen erwarten könnte, ähnlich dem Rubidiumsalz.

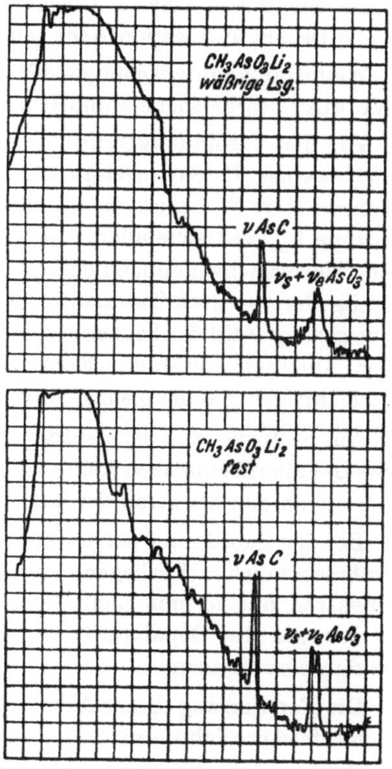

Abb. 3

Die beim System NH_4OH/H_2O_2 beobachtete Strukturänderung beim Übergang vom festen Zustand zur Lösung in der Weise, daß das feste Ammoniumhydroperoxyd salzartige Struktur zeigt, in Lösung dagegen als $NH_3 \cdot H_2O_2$ vorliegt, konnte am Ammoniumdisulfit nicht gefunden werden. Hier wurde in beiden Fällen der salzartige Charakter, vor allem aus der Höhe der NH-Frequenz und durch Deuterieren, sichergestellt.

Im Zusammenhang mit Untersuchungen über die Existenz der freien schwefligen Säure beschäftigte sich Herr PISCHTSCHAN mit dem Zustand des *in SO_2 gelösten Wassers*. SO_2 löst bei Zimmertemperatur etwa 1,5% H_2O, über dessen Zustand noch keine übereinstimmende Ansicht herrscht. Durch die Beobachtung von RAMAN-Linien bei 1620 cm^{-1}, 3601 cm^{-1} und 3672 cm^{-1} (in Lösungen von D_2O in SO_2 liegen die Linien entsprechend tiefer) konnten wir zeigen, daß das Wasser zum größten Teil in monomolekularer Verteilung vorliegt. Eine schwache und breite Bande zwischen 3300 und 3600 cm^{-1} deutet auf eine nur geringe Störung dieser monomeren Verteilung hin.

Wir ordneten die gefundenen Frequenzen in der angegebenen Reihenfolge den 3 Grundschwingungen des H_2O-Moleküls, δ HOH, ν_s OH und ν_{as} OH zu. Im Gaszustand werden für das unbeeinflußte Molekül zwar die Werte 1595 cm^{-1}, 3654 cm^{-1} und 3756 cm^{-1} angegeben (HERZBERG, Molecular Spectra and Molecular Structure II, VI. Aufl., 1951, S. 280), doch sind die beobachteten Differenzen zu gering (sie betragen z. B. für ν_s OH 53 cm^{-1}), um auf das Vorliegen von Assoziaten zu schließen. In der Nähe des kritischen Punktes bei 374 °C und einem Druck von über 2000 Atmosphären finden Cross, Burnham und Leighton (J. Amer. Chem. Soc. 59 (1957) 1134) für das Wasser als symmetrische OH-Valenzschwingungen eine Raman-Frequenz bei 3600 cm^{-1}, und Lösungen von H_2O in CS_2 und CCl_4 geben für die gleiche Frequenz nach Borst, Buswell und Rodebush (J. chem. Physics 6 (1938) 61) bzw. Fox und Martin (Proc. Roy. Soc., London, Ser. A 174 (1940) 234) und Greinacher, Lüttke und Mecke (Z. Elektrochemie, Ber. Bunsenges. physik. Chem. 59 (1955) 23) IR-Absorption bei 3611 cm^{-1} (in CS_2) bzw. 3614 cm^{-1} (in CCl_4). In all diesen Fällen wird das Wasser als nicht assoziiert angesehen. Die Frequenzdifferenz zu dem am gasförmigen Molekül gemessenen Wert ist auf eine Wechselwirkung mit dem Lösungsmittel bzw. (beim hochkomprimierten Wasserdampf) der H_2O-Moleküle untereinander zurückzuführen.

Da wir unsere Raman-Aufnahmen bei Zimmertemperatur durchführten, wurde eine spezielle Druckküvette zum Arbeiten mit flüssigem SO_2 entwickelt.

Weiterhin konnte sichergestellt werden, daß im System SO_2/H_2O im festen Zustand das von Wickert beschriebene Mono-Hydrat nicht, sondern nur ein 6-Hydrat existiert.

Von den Verbindungen des 6wertigen Schwefels untersuchten wir in letzter Zeit besonders *Derivate der Polyschwefelsäuren.* Für das Disulfurylfluorid, Trisulfurylfluorid und -chlorid konnte Herr R. Lehmann aus den Raman- und Ultrarotspektren eine Struktur der Punktgruppe C_{2v} wahrscheinlich machen. Die Zuordnung der beobachteten Valenzfrequenzen zu den Normalschwingungen gelang vollständig. Auch bei dem bei diesen Untersuchungen erstmalig dargestellten Tetrasulfurylfluorid $S_4O_{11}F_2$ liegt wahrscheinlich eine C_{2v}-Struktur vor. Die geringe Zahl der beobachteten Raman- und UR-Frequenzen ist damit allerdings nur unter der Annahme zufälliger Entartungen zwischen Gleich- und Gegentaktschwingungen bei gleichartigen Baugruppen (—SO_2-, —SO_2F) verständlich.

Am Sulfuryl- und Pyrosulfuryldiisocyanat konnte Frau Arnold dagegen zeigen, daß die S—O-Valenzfrequenzen keine zufälligen Entartungen aufweisen, eine Beobachtung, die wir bereits an den Spektren der Alkalipyrosulfate machten.

Bei der Zuordnung der übrigen Frequenzen der Diisocyanate fällt auf, daß trotz des sehr wahrscheinlichen Vorliegens von Strukturen der Punktgruppe C_{2v} in den Raman- und UR-Spektren nur je eine nicht koinzidierende S—N-Valenzfrequenz beobachtet wird. Durch Messungen des Depolarisationsgrades der Raman-Linien hoffen wir, diese Anomalie näher erklären zu können.

Die Fortführung dieser Arbeiten soll uns dann zu Polyurethanen und Polyharnstoffen der Schwefelsäure führen und damit die Brücke schlagen zu den Untersuchungen über cyclische, teilweise polymerisierbare Ester anorganischer Säuren, die Herr Heintz durchführte.

Bei der spektroskopischen Bearbeitung des *Aethylencarbonates, Aethylensulfites und Aethylenselenites* konnten wir beim Übergang vom festen zum flüssigen Zustand einen interessanten Strukturwandel von C_2 nach C_{2v} feststellen, der beim Aethylencarbonat das ganze Molekül betraf (d. h. der gesamte Ring wird eben), während im Falle der beiden anderen Substanzen nur der Aethylenglycolrest davon betroffen wird.

Weitere Untersuchungen beschäftigten sich mit dem Aethylentellurit, das eine bicyclische Struktur zeigt, dem Aethylenphosphit, das mit Sicherheit keine Ringstruktur besitzt und dem Aethylenmethanphosphonat, dessen Spektren wieder fast alle Charakteristika einer ringförmigen Verbindung aufweisen.

Von den 6- und 7-Ringverbindungen beschäftigten uns vor allem das *Trimethylencarbonat, Aethylenoxalat und das Trimethylen- und Tetramethylensulfit,* da diese Verbindungen, wie auch der bereits erwähnte Aethylenglycolester der Methanphosphonsäure, Polymerisationsfähigkeit aufweisen. Aus der Frequenzhöhe der C—C—O-Valenzschwingungen läßt sich übrigens ableiten, ob die betreffende Substanz polymerisierbar ist oder nicht.

Interessant sind auch die spektralen Veränderungen bei der Polymerisation der erwähnten Ester. Außer dem Verschwinden der Ringskelettschwingungen ist stets ein Ansteigen der C—C—O-Valenzfrequenzen und eine Verbreiterung der Banden, die bei kristallisierten Polyestern oft wieder zu Aufspaltungen führt, zu beobachten. Die Intensität der Polymerspektren nimmt nicht ab, weil die Kettensegmente sich additiv bezüglich der Intensität verhalten.

Ergänzend zu präparativen Arbeiten auf dem Gebiete insektizid wirksamer Phosphorsäurederivate wurden viele der dargestellten Verbindungen — es handelt sich um *Fluorphosphorsäuren und Fluorpyrophosphorsäuren*, deren Salze, Ester und Amide, sowie um entsprechende

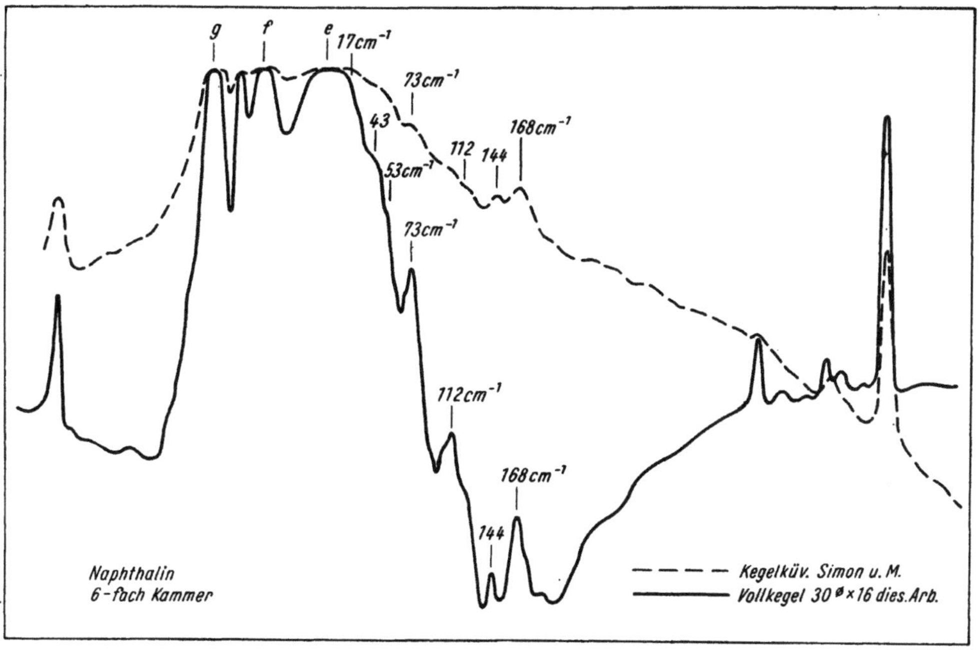

Abb. 4

Thionoverbindungen — infrarotspektroskopisch von Herrn Stölzer und Herrn Börner untersucht. Die beobachteten Frequenzen konnten unter Heranziehung umfangreichen Vergleichsmaterials größtenteils den Normalschwingungen zugeordnet werden, wobei besonderes Augenmerk den spektroskopischen Äußerungen der P—O—P-Brücke in den Pyrophosphorsäurederivaten geschenkt wurde. Die symmetrische P—O—P-Valenzschwingung tritt als höchstens mäßig starke Absorption um 730 cm^{-1}, die antisymmetrische P—O—P-Frequenz als starke Bande mit einer von der Elektronegativität der am Phosphor gebundenen Atome bzw. Gruppen etwas abhängigen Lage um 1000 cm^{-1} auf. Außerdem bewirkt der Übergang zu Diphosphorsäurederivaten stets eine mittelstarke bis starke Absorption im Bereich von 450 bis 525 cm^{-1}.

Bei difluorierten Derivaten der Diphosphorsäure wurde auf Grund der beobachteten Absorptionen in allen Fällen eine symmetrische Verteilung der Fluoratome auf die beiden Phosphoratome gefunden.

Abschließend seien noch unsere Bemühungen um die Verbesserung der *ramanspektroskopischen Aufnahmetechnik* erwähnt, die in Fortsetzung von Arbeiten mit KRIEGSMANN und STEGER mit Herrn HEINTZ durchgeführt wurden. Speziell für die Aufnahme von Festkörpern wurde in letzter Zeit eine leistungsfähige Punktlichtlampe für die mit komplementärer Filterung durch Metallinterferenzfilter arbeitende 6fach-Kammer entwickelt.

Durch Pressen bzw. Gießen von Hohl- oder Vollkegeln erreichten wir eine weitere Qualitätsverbesserung der Spektren, so daß sich in vielen Fällen Gitterschwingungen RAMANspektroskopisch beobachten ließen. Wie aus der Abb. 4 ersichtlich, treten bei Verwendung gegossener Kegel (ausgezogene Kurve) gegenüber einfacher Kegelküvetten vor allem die niederen Frequenzen viel besser hervor.

Dresden, Technische Hochschule, Forschungsstelle Prof. Dr. Dr.-Ing. E. h. A. SIMON

Spektroskopische Arbeiten über silicium- und zinnorganische Verbindungen sowie über Bandenintensitäten

H. Kriegsmann

Von der stofflichen Seite lassen sich unsere Untersuchungen im wesentlichen in zwei Gruppen einteilen:

A. in Untersuchungen an Silicium-Verbindungen und
B. in Untersuchungen an Zinn-Verbindungen.

Die frequenzspektroskopischen Untersuchungen an Si-Verbindungen sind im wesentlichen publiziert [1—18].

Sie führten zu Aussagen über charakteristische Frequenzen, was Bedeutung für die Analytik hat, und darüber hinaus zu einer ganzen Reihe von Aussagen über Bindungsverhältnisse und Strukturen. Zur Zeit beschäftigen wir uns im wesentlichen in zwei Richtungen:

Erstens untersuchen wir bei den Si-Verbindungen zwischenmolekulare Kräfte. Herr Licht hat umfangreiche Messungen an *alkyl- und arylsubstituierten Silanolen* durchgeführt. Durch infrarotspektroskopische Messungen an verschieden konzentrierten Lösungen und durch kryoskopische Untersuchungen kommt er u. a. zu dem Ergebnis, daß die Stärke der über Wasserstoffbrücken erfolgten Assoziation sowohl von der Größe des organischen Restes als auch von seiner Elektronegativität abhängt. Spektroskopisch kann man das sowohl an den OH-Valenzfrequenzen als auch an den SiO-Valenz-Frequenzen erkennen.

Herr Förster hat verschieden substituierte *Alkyl-Silyl-Verbindungen* im Gaszustand, in verschieden polaren Lösungsmitteln und als reine Substanz in flüssigem Zustand untersucht. Er kann zeigen, daß die Frequenzverschiebungen, die beim Übergang vom gasförmigen Zustand in die kondensierte Phase auftreten, sehr stark abhängig sind von der Elektronegativität der Substituenten am Silicium. Je

Tabelle 1
Baugruppen der Siloxane und charakteristische Intensitäten

Gruppe	Kurzsymbol	A [10^4 Mol^{-1} $l \cdot cm^{-2}$]
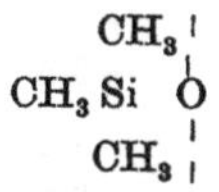	M	3,2
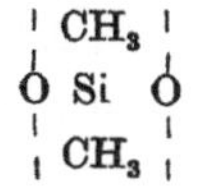	D	5,3
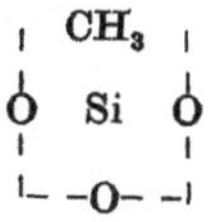	T	5,1
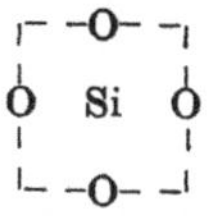	Q	7,6
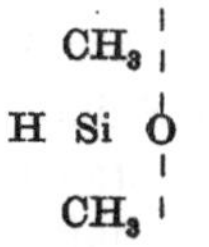	M^H	2,6
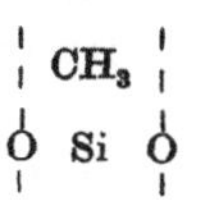	D^H	3,3
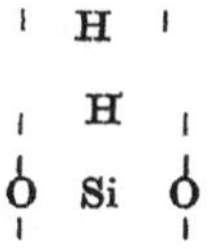	T^H	4,1

größer die Elektronegativität, um so größer sind auch die Verschiebungen, die beobachtet werden. In unpolaren Lösungsmitteln liegen die Schwingungsfrequenzen relativ nahe bei denen des Gaszustandes, in stark polaren Lösungsmitteln nähern sie sich denen der kondensierten Phase.

Weiter beschäftigen wir uns in größerem Umfange mit *Intensitätsmessungen im Infraroten und im* RAMAN-*Effekt.* Hier haben Herr SCHOWTKA für die Infrarot-Spektroskopie und Herr REICH für die RAMAN-Spektroskopie zunächst grundlegende methodische Untersuchungen durchgeführt. Die Intensitätsmessungen werden von uns sowohl in analytischer als auch in bindungstheoretischer Hinsicht ausgewertet. Herr FREI beispielsweise hat festgestellt, daß verschiedene Schwingungsbanden der $(CH_3)_3$ Si-Gruppierung sowohl in ihrer Frequenz als auch in ihrer Intensität über eine ganze Reihe von Substituenten hinweg konstant bleibt. Andere Banden dieser Gruppe ändern ihre Intensität relativ stark in Abhängigkeit vom Substituenten am Silicium, obwohl die Frequenzen diesen Einfluß nicht erkennen lassen.

Tabelle 2

Gemessene und aus charakteristischen Baugruppen-Intensitäten berechnete Intensitäten der Siloxanbande [10^4 Mol^{-1} l · cm^{-2}]

Verbindung	gemessen	berechnet	relative Abweichung %
M_2D_1	12,4	11,7	—5,5
M_2D_2	17,3	17,0	—1,7
M_2D_3	22,7	22,2	—2,2
M_2D_4	28,7	27,5	—4,1
M_2D_5	31,8	32,8	+3,0
M_2D_6	38,3	38,1	—0,5
D_3	14,6	15,8	+8,4
D_4	21,7	21,1	—2,5
D_5	26,0	26,4	+1,6
D_6	31,3	31,7	+1,3
$M_2D^H_1$	9,4	9,7	+3,8
$M_2D^H_2$	13,0	13,1	+0,2
$M_2D^H_3$	15,8	16,4	+3,5
$M^H_2D^H_1$	8,7	8,4	—3,4
$M^H_2D^H_2$	12,5	11,8	—6,2
$M^H_2D^H_3$	15,0	15,1	+0,9
TM_3	13,3	14,6	+10,0
T_2M_4	24,0	22,9	— 4,9
T^HM_3	12,8	13,7	+ 6,5
$T^HM^H_3$	12,6	11,7	— 7,4
$T^H_2M_4$	20,9	21,0	+ 0,4
$T_2M^H_4$	20,5	20,3	— 0,8
QM_4	19,8	20,3	+ 2,5
Q_2M_6	37,0	34,3	— 7,4
$Q_2M^H_6$	28,1	30,4	+ 8,1

Etwas näher möchte ich auf die Untersuchungen eingehen, die Herr NGUYEN QUY an geradkettigen, ringförmigen, verzweigten und verletzten Methyl- und Methylwasserstoffpolysiloxanen durchgeführt hat. Wir fanden, daß für jede der Baueinheiten die antisymmetrische SiOSi-Valenzschwingungsbande eine charakteristische Intensität zeigt. (Tabelle 1).

In der Tabelle 2 sind unsere Meßwerte an den einzelnen Verbindungen den aus diesen charakteristischen Intensitäten berechneten Werten gegenübergestellt. Man sieht, daß die Abweichung nie größer als 10% ist, also innerhalb der Meßgenauigkeit der Intensitätsmessungen liegt. Unter der Annahme, daß Silikonöle im wesentlichen aus geradkettigen Bestandteilen bestehen, haben wir aus der Messung der Infrarotintensität eines Öles dessen Molekulargewicht berechnet und gefunden, daß der so erhaltene Wert nur sehr wenig von dem kryoskopisch bestimmten abweicht. Herr REICH und Frau KESSLER haben Frequenz- und Intensitätsmessungen an einer großen Reihe von *Verbindungen mit SiH-Bindung* durchgeführt. In Abb. 1 sind die Frequenzwerte gegen die TAFTschen Substitutionskonstanten aufgetragen. Man erkennt aus der Darstellung, daß im wesentlichen der induktive Effekt die Wellenzahl beeinflußt.

Abb. 2 zeigt, daß die Infrarot-Intensität der SiH-Banden um so geringer wird, je geringer die Polarität der Bindung ist. Ähnliche Untersuchungen haben Herr SCHOWTKA an SiCl-Verbindungen und Herr ENGELHARDT an SiO-Verbindungen durchgeführt. Bei den Untersuchungen an *Zinn-Verbindungen* waren beteiligt: Frau PISCHTSCHAN, Frl. PAULY und die Herren HOFFMANN, CLAUSS, GEISLER, SCHLIMPER, ULBRICHT, ENGE und DUBE. Hier konnten wir feststellen, daß in den wäßrigen Lösungen der Trimethylzinnhalogenide und der Dimethylzinndihalogenide Trimethylzinn- bzw. Dimethylzinn-Kationen vorliegen. Das gleiche

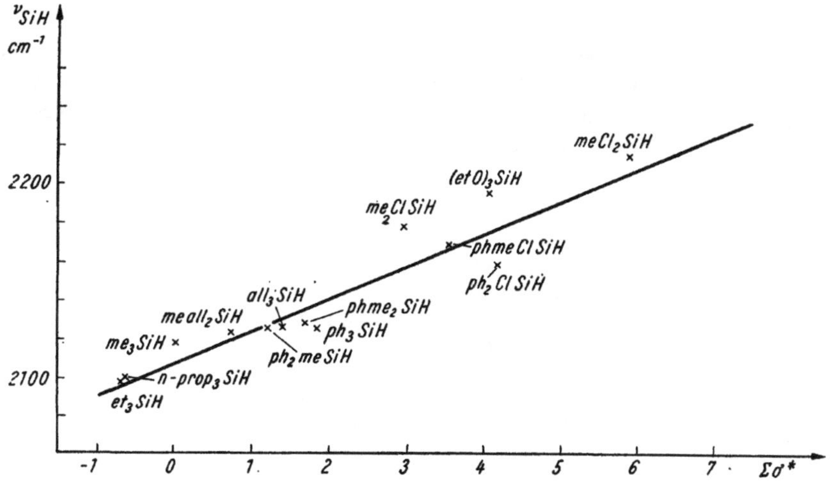

Abb. 1. Abhängigkeit der SiH-Valenzfrequenzen von den TAFTschen σ^*-Konstanten

gilt für die Lösungen der entsprechenden Sulfate. Im festen Zustand unterscheidet sich die Konstitution der Verbindungen beträchtlich. Die Fluorverbindungen bauen ein Ionengitter auf, desgl. alle Sulfate. Die übrigen Halogenide und das Trimethylzinnhydroxyd dagegen

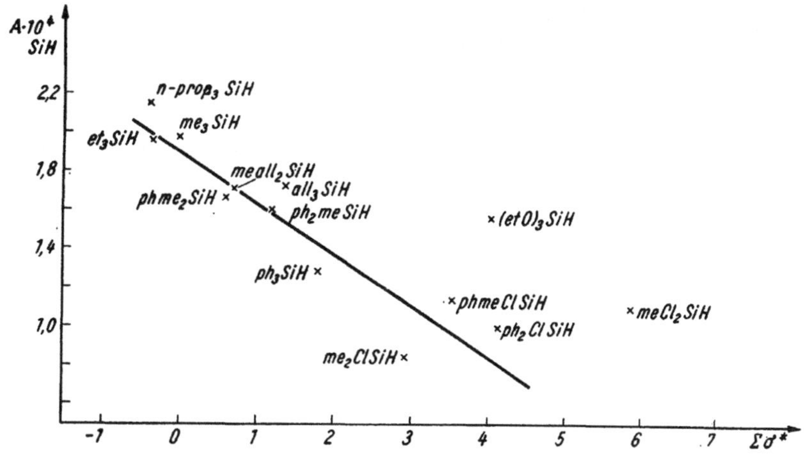

Abb. 2. Abhängigkeit der Intensität der SiH-Valenzfrequenzen von den TAFTschen σ^*-Konstanten

kristallisieren in einem Molekülgitter. In diesen Molekülgittern treten besonders bei stark elektronegativer Substitution Brücken auf in der Form von Zinn–Halogen–Zinn- bzw. Zinn–Sauerstoff–Zinn-Brücken. Man erkennt dies sehr deutlich an der starken Frequenzverschiebung der Sn-Halogen- bzw. Sn–O-Valenzschwingung beim Übergang vom festen Zustand in die Schmelze und dann in Lösung von organischen Lösungsmitteln, wo man annehmen kann, daß die Brückenbildung verschwindet [19]. Beim Trimethylzinnchlorid treten in verschieden konzentrierten Lösungen 2 SnCl-Valenzschwingungen auf. Die eine kommt dem assoziierten

Produkt, die andere dem entassoziierten Produkt zu. RAMANspektroskopische Intensitätsmessungen zeigen, daß — wie zu erwarten — die Intensität der für das assoziierte Produkt charakteristischen Frequenz niedriger liegt als die für das entassoziierte Produkt. Die RAMAN-Intensität der $(CH_3)_3$ Sn-Gruppe und auch die Infrarot-Intensitäten dieser Gruppe sind über die ganze Reihe von Verbindungen nahezu konstant und können als charakteristische Intensitäten aufgefaßt werden.

Es konnte hier nur eine kurze auswahlartige Andeutung unserer Arbeiten erfolgen. Nicht eingegangen bin ich u. a. auf unsere Ergebnisse an den Zinnkomplexen, weiter auf die Intensitätsmessungen an SO-Verbindungen und unsere Untersuchungen an Zinn–Stickstoff-Verbindungen, Silicium–Stickstoff- und Zinn–Fluor-Verbindungen.

Literatur

[1] KRIEGSMANN, H., Z. anorg. allg. Chemie **294** (1958) 113.
[2] KRIEGSMANN, H., Z. Elektrochemie **61** (1957) 1088.
[3] KRIEGSMANN, H., Wissenschaft u. Fortschritt 8 (1958) 212.
[4] KRIEGSMANN, H., Z. Elektrochemie **62** (1958) 1033.
[5] KRIEGSMANN, H. u. SCHOWTKA, K.-H., Z. phys. Chemie **209** (1958) 261.
[6] KRIEGSMANN, H. u. LICHT, K., Z. Elektrochemie **62** (1958) 1163.
[7] KRIEGSMANN, H. u. FÖRSTER, W., Z. anorg. allg. Chemie **298** (1958) 219.
[8] KRIEGSMANN, H., Z. anorg. allg. Chemie **298** (1959) 223.
[9] KRIEGSMANN, H., Z. anorg. allg. Chemie **298** (1959) 232.
[10] KRIEGSMANN, H., Z. anorg. allg. Chemie **299** (1959) 78.
[11] KRIEGSMANN, H., Z. anorg. allg. Chemie **299** (1959) 138.
[12] KRIEGSMANN, H. u. CLAUSS, H., Z. anorg. allg. Chemie **300** (1959) 210.
[13] KRIEGSMANN, H., Wiss. Ztschr. TH Dresden 8 (1958/59) 210.
[14] KRIEGSMANN, H., Z. Elektrochemie **64** (1960) 541.
[15] KRIEGSMANN, H., Z. Elektrochemie **64** (1960) 848.
[16] KRIEGSMANN, H. u. ENGELHARDT, G., Z. anorg. allg. Chemie **310** (1961) 100.
[17] KRIEGSMANN, H., Z. Elektrochemie **65** (1961) H. 4, S. 336—341.
[18] KRIEGSMANN, H., Z. Elektrochemie **65** (1961) H. 4, S. 342—345.
[19] KRIEGSMANN, H. u. PISCHTSCHAN, S., Z. anorg. allg. Chemie **308** (1961) 212.

Dresden, Institut für anorganische und anorganisch-technische Chemie der Technischen Hochschule

Schwingungsspektroskopische Untersuchungen an Selen-Sauerstoff-Verbindungen

R. Paetzold

Während die Chemie der Schwefel–Sauerstoff-Verbindungen sowohl präparativ als auch spektroskopisch bereits eingehend bearbeitet wurde, ist das experimentelle Material über Selen–Sauerstoff-Verbindungen noch sehr lückenhaft. Wir beschäftigen uns daher seit einigen Jahren mit Untersuchungen an Selen–Sauerstoff-Verbindungen der Strukturen

$$\mathrm{X{-}\overset{O}{Se}{-}Y}\ (\text{Typ I})\ \text{und}\ \mathrm{X{-}\overset{O}{\underset{O}{Se}}{-}Y}\ (\text{Typ II}),$$

wobei die Substituenten X und Y entsprechend dem PSE systematisch variiert werden. Dabei beschränken wir uns zunächst vorwiegend auf Radikale der Spitzenelemente der 4. bis 7. Hauptgruppe, die aus Tabelle 1 zu entnehmen sind:

Tabelle 1

X bzw. Y

4. Gruppe	CH_3, C_2H_5, C_6H_5
5. Gruppe	NH_2, NHR, NR_2 (R = CH_3, C_2H_5)
6. Gruppe	OH, OR (R = CH_3, C_2H_5), OMe (Me = Na, K, NH_4)
7. Gruppe	F, Cl

Da erst ein kleiner Teil der formal möglichen Verbindungen bekannt ist, muß viel präparative Vorarbeit geleistet werden. So ergibt sich eine glückliche Vereinigung von präparativer Chemie und physikalischen Untersuchungsmethoden.

Wir haben außer den bisher bekannten Substanzen 10 weitere Verbindungen des Typs I und 8 Verbindungen des Typs II synthetisiert sowie 42 Substanzen Raman- und ultrarotspektroskopisch untersucht, so daß bereits einige zusammenhängende Aussagen gemacht werden können. Obwohl auch andere physikalische Methoden herangezogen werden, besprechen wir hier nur wesentliche Ergebnisse der Raman- und ultrarotspektroskopischen Untersuchungen, die wir zur Klärung folgender Hauptprobleme einsetzen:

1. Welche Strukturen besitzen die dargestellten Verbindungen?
2. Welcher Zusammenhang besteht zwischen der Struktur und der Stabilität dieser Stoffe?
3. Was läßt sich über die Natur der SeO-Bindung aussagen und welche Abhängigkeit besteht zwischen der Kraftkonstante der SeO-Bindung und der Art der Substituenten?
4. Kann man mit Hilfe der Ramanspektrometrie quantitative Aussagen über das Dissoziationsverhalten der Selensäure machen?

Zu 1.: Alle Verbindungen des Typs I sind räumlich gebaut und besitzen die Punktgruppe C_s bzw. C_1. Den Molekülen des Typs II kommt die Punktgruppe C_{2v}, C_s oder C_1[1]) zu. Diese

[1]) Von den die salzartige Gruppierung OMe enthaltenden Derivaten wird abgesehen, da diese Stoffe Ionengitter bilden und die betreffenden Anionen wegen des Bindungsausgleichs höhere Symmetrie besitzen.

Ergebnisse sind in Übereinstimmung mit der Bindungstheorie der gerichteten Valenzen. Geringe Abweichungen können bei Substanzen auftreten, die starke H-Brücken bilden (X bzw. Y = OH).

Liegen Verbindungen mit Alkyl- oder OH-Gruppen vor, dann finden wegen der großen Massenunterschiede keine Kopplungen der CH- und OH-Frequenzen mit denen des Selen-Sauerstoff-Gerüstes statt, so daß die Gerüstschwingungen leicht isoliert und zur Strukturdiskussion herangezogen werden können.

Zu 2.: Moleküle des Typs I, die mehratomige Radikale enthalten (X bzw. Y = OH, OR), können isomere Verbindungen bilden, die den Strukturtypen I und II entsprechen, z. B.:

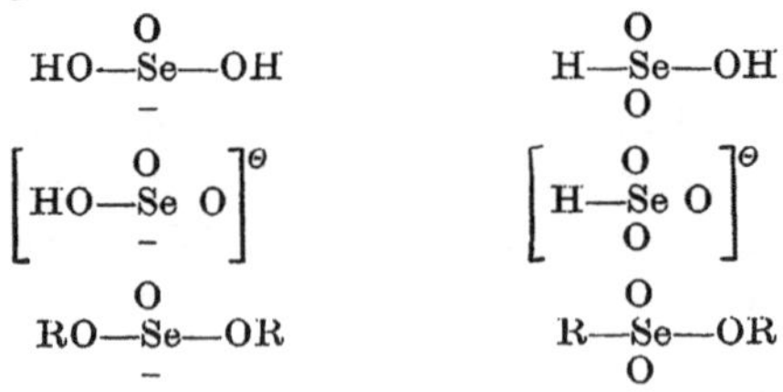

Die Moleküle streben bei guter Beweglichkeit des wandernden Radikals der stabilsten Struktur zu. So ergaben Strukturuntersuchungen an der selenigen Säure [1] und Alkalihydrogenseleniten [2], daß ausschließlich Struktur I vorliegt. Für die Gegenwart der Isomeren fehlen jegliche Anhaltspunkte. Die entsprechenden Schwefelverbindungen zeigen entgegengesetztes strukturelles Verhalten, wie Schmidt und Wirwoll [3] bei der schwefligen Säure und Simon u. Schmidt [4] am Hydrogensulfition bewiesen haben. Auch dem Diselenition kommt die Struktur I zu [5] (es besitzt eine SeOSe-Brücke), dem Disulfition dagegen die Struktur II [5, 6] (es besitzt eine SS-Brücke). Diese Ergebnisse lassen erkennen, daß die Selen–Sauerstoff-Verbindungen des Strukturtyps I stabiler als die des Typs II sind, während in der Schwefelchemie umgekehrte Verhältnisse vorliegen. Das zeigt sich auch daran, daß Schwefligsäureester (Typ I) leicht in Sulfonsäureester (Typ II) umgelagert werden können [7], während Selenonsäureester im Gegensatz zu den isomeren Selenigsäureestern bis heute noch nicht bekannt sind. Diese entgegengesetzten Struktur- und Stabilitätsverhältnisse der entsprechenden Schwefel- und Selen-Verbindungen sind mit Hilfe bindungstheoretischer Vorstellungen deutbar [8]. So liegen in allen S- und Se-Verbindungen des Typs I drei p–p–σ-Bindungen und eine p–d–π-Bindung entsprechend einer Valenzelektronenkonfiguration $s^2\,p^3\,d^1$ vor. Die beim Übergang zum Strukturtyp II erfolgende Umgruppierung der Valenzelektronen zur Konfiguration sp^3d^2 führt zur Ausbildung von vier $[sp^3]$–σ-Bindungen und zwei p–d–π-Bindungen. Da $[sp^3]$-Strukturen infolge Bastardisierung stabiler als reine s- oder p-Strukturen sind, folgt hieraus größere Stabilität des Strukturtyps II, was in der Chemie der Schwefel–Sauerstoff-Verbindungen auch zutrifft. Darüber hinaus findet beim Übergang vom Typ I zum Typ II eine Erhöhung der Resonanzenergie statt, die eine zusätzliche Stabilisierung ergibt. Die Tatsache, daß die Selen–Sauerstoff-Verbindungen überraschenderweise entgegengesetztes Struktur- und Stabilitätsverhalten zeigen, ist deutbar, wenn man bedenkt, daß mit der Ausbildung der Elektronenkonfiguration des Typs II nicht nur Bastardisierung und Erhöhung der Resonanzenergie erfolgt, sondern daß im gleichen Sinne auch das Oxydationspotential des Selenatoms ansteigt, was eine Stabilitätsverminderung zur Folge hat. Das Oxydationspotential des Selenatoms ist im Zustand des Typs II bereits so groß, daß Verbindungen dieser Struktur nur mit stark elektronegativen Radikalen beständig sind.

Zu 3.: Spektroskopische Untersuchungen über die Natur der SO-Bindung sind u. a. von Simon u. Kriegsmann [9] sowie Siebert [10] durchgeführt worden. Danach liegen in Schwefel–Sauerstoff-Verbindungen, bei denen kein Bindungsausgleich möglich ist, SO-Doppelbindungen vor. Wir haben an einigen Selen–Sauerstoff-Verbindungen Kraftkonstantenberechnungen durchgeführt und mit Hilfe des SIEBERTschen Ansatzes [11] Bindungsgrade der SeO-„Doppelbindung" ermittelt. Die Bindungsgrade einander entsprechender Schwefel–Sauerstoff- und Selen–Sauerstoff-Verbindungen sind in Tabelle 2 gegenübergestellt:

Tabelle 2

Bindungsgrade von SO- und SeO-Bindungen

	Bindungsgrad		Bindungsgrad
SO_2F_2	2,19[12]	SeO_2F_2	1,83[13]
SOF_2	2,04[12]	$SeOF_2$	1,83
$SOCl_2$	1,87[12]	$SeOCl_2$	1,55[12]
$Cl \cdot SO \cdot OC_2H_5$	1,87	$Cl \cdot SeO \cdot OC_2H_5$	1,63
$SO(OCH_3)_2$	1,86	$SeO(OCH_3)_2$	1,58

Die Kraftkonstanten für $Cl \cdot SO \cdot OC_2H_5$ und $(CH_3O)_2SO$ sind von SIMON und KRIEGSMANN [9] nach dem Zweimassenmodell berechnet worden. Dasselbe haben wir für die SeO-Valenzkraftkonstanten des $SeOF_2$, $Cl \cdot SeO \cdot OC_2H_5$ und $(CH_3O)_2SeO$ getan. Die dadurch bedingten Vernachlässigungen ergeben für den Bindungsgrad einen geschätzten Fehler von 5—7%, um den die berechneten Werte zu hoch ausfallen. Es läßt sich jedoch aus der Tabelle 2 entnehmen, daß die SeO-Bindung einen ca. 10—20% kleineren Bindungsgrad besitzt als die SO-Bindung der entsprechenden Schwefelverbindung. Wegen des linearen Zusammenhanges zwischen Kraftkonstante und Bindungsenergie [14] ergibt sich auch eine entsprechende Verminderung der letzteren.

Der kleinere Bindungsgrad hat ein größeres Dipolmoment der SeO-Bindung zur Folge, worauf z. B. die stärkere Assoziationstendenz des $SeOCl_2$ gegenüber dem $SOCl_2$ zurückzuführen ist [15]. Diese Befunde erklären auch eine Reihe chemischer Eigenschaften von Selen–Sauerstoff-Verbindungen, die in der Schwefelchemie nicht bekannt sind.

Es erhebt sich die Frage nach der Ursache der Verminderung des Bindungsgrades. Hierbei muß man davon ausgehen, daß die SO- bzw. SeO-Doppelbindungen durch die Überlappung von d-Elektronenwolken des Zentralatoms mit p-Elektronenwolken der Sauerstoffatome zustande kommen (p–d–π-Bindung). Die Größe der Überlappung ist nach PAULING ein Maß für die Bindungsstärke. Da nun die SeO-Bindung einen größeren Bindungsabstand besitzt als die SO-Bindung, kann keine so weitgehende Überlappung mehr stattfinden, was für die SeO-Bindung eine Abnahme der Bindungsstärke und damit des Bindungsgrades zur Folge hat.

Mit zunehmender Elektronegativität der Substituenten findet eine Erhöhung der SeO-Valenzfrequenzen und damit auch eine Vergrößerung des Bindungsgrades statt, eine Erscheinung, die auch an anderen Substanzklassen oft beobachtet worden ist. So erhöht sich die SeO-Valenzfrequenz von 880 cm^{-1} im $[(CH_3)_2N]_2SeO$ auf 1012 cm^{-1} im $SeOF_2$. Dieser Effekt ist auf die zunehmende Elektronegativität der Substituenten zurückzuführen.

Im entsprechenden Maße erhöhen sich natürlich auch die Kraftkonstante und die Bindungsstärke.

Zu 4.: Wir haben mit Hilfe des HILGERschen RAMAN-Spektrometers das Dissoziationsverhalten der Selensäure untersucht und dabei gefunden, daß man die Konzentrationsabhängigkeit des Dissoziationsgrades und damit die Dissoziationskonstante des Hydrogenselenations innerhalb der der RAMAN-Spektrometrie anhaftenden Fehlerbreite gut ermitteln kann [16]. Dabei ergab sich jedoch, daß die durch die starken H-Brücken in der Lösung verursachte enorme Verbreiterung der Banden vor allem bei den gut vermeßbaren intensitätsstarken Banden zu Überlappungen führt, was genaue Intensitätsmessungen schwierig gestaltet. Schwache und sogar mittelstarke Banden erfahren durch die H-Brücken solche Verbreiterungen, daß sie sich mitunter kaum vom Untergrund abheben. Dieser wiederum ist wegen der verwaschenen Bandenstrukturen oft schwer zu ermitteln. Diese Erscheinungen, die bei anderen Säuren in ähnlichem Maße auftreten können, erschweren außerordentlich quantitative Untersuchungen über das Dissoziationsverhalten starker Säuren.

Herrn Prof. Dr. Dr. Ing. E. h. A. Simon danke ich für sein großes Interesse an diesen Arbeiten und für stete Förderung.

Desgleichen gilt mein Dank den Herren Dipl.-Chem. Amoulong, Aurich, Garsoffke, Lienig, Rönsch, Schumann und Ziegenbalg, die großen Anteil an den Ergebnissen unserer Untersuchungen haben.

Literatur

[1] Simon, A. u. Paetzold, R., Z. anorg. allg. Chem. **301** (1959) 246.
[2] Simon, A. u. Paetzold, R., Z. Elektrochem., Ber. Bunsenges. physik. Chem. **64** (1960) 209.
[3] Schmidt, M. u. Wirwoll, B., Z. anorg. allg. Chem. **303** (1960) 184.
[4] Simon, A. u. Schmidt, W., Z. Elektrochem., Ber. Bunsenges. physik. Chem. **64** (1960) 737.
[5] Simon, A. u. Paetzold, R., Z. anorg. allg. Chem. **303** (1960) 39.
[6] Zachariasen, W. H., Physic. Rev. **40** (1932) 113, 923; Lindqvist, J. u. Mörtsell, M., Acta Crystallogr. **10** (1957) 406.
[7] Simon, A., Paetzold, R. u. Kriegsmann, H., Chem. Ber. **89** (1956) 883.
[8] Paetzold, R., Vortrag JUPAC, München 1959.
[9] Simon, A. u. Kriegsmann, H., Z. physik. Chem. **204** (1955) 369.
[10] Siebert, H., Z. anorg. allg. Chem. **275** (1954) 225.
[11] Siebert, H., Z. anorg. allg. Chem. **273** (1953) 170.
[12] Siebert, H., Z. anorg. allg. Chem. **275** (1954) 210.
[13] Ziegenbalg, K.-H., Diplomarbeit, Dresden 1959.
[14] Lippincott, E. R., Schroeder, R. u. Steele, D., J. chem. Physics **34** (1961) 1448, dort weitere Literatur; Somayajulu, G. R., J. chem. Physics **34** (1961) 1449, dort weitere Literatur.
[15] Gmelins Handb. d. anorg. Chem., 8. Aufl., Selen B, S. 136.
[16] Paetzold, R. u. Amoulong, H., Z. Elektrochem., Ber. Bunsenges. physik. Chem., im Druck.

Dresden, Institut für anorganische und anorganisch-technische Chemie der Technischen Hochschule

Arbeiten über die Spektren von Phosphorverbindungen und über spektroskopische Effekte des Kristallzustandes

E. Steger

Die spektroskopische Erforschung einer Molekel befaßt sich zunächst mit Zuordnungsfragen mehr oder weniger charakteristischer Schwingungen zu einzelnen Konstitutionselementen. Anschließend versucht sie Strukturaussagen auf Grund der Zusammenhänge von Symmetrie und Auswahlregeln. Das letzte Ziel ist die Ermittlung von Normalkoordinaten und Kraftkonstanten zur Beleuchtung der Bindungsverhältnisse. In der Chemie des Phosphors bietet die Mannigfaltigkeit an Verbindungen Gelegenheit, an Hand laufender Arbeiten je nach der geringeren oder größeren Kompliziertheit der Moleküle Beispiele für Auswertungen auf jeder der 3 angeführten Stufen zu geben. Die Aufzählung sei mit den einfachsten Molekeln und also mit erschöpfenden Auswertungen begonnen.

Publiziert ist, wie sich spektroskopisch eine wechselnde Valenzbetätigung des Phosphors je nach der elektronenanziehenden Kraft der Nachbaratome bei den Amidoderivaten der Phosphorsäure nachweisen läßt [1, 2, 3]. Das infolge der schlechten Haltbarkeit der Diamidophosphate noch fehlende Beispiel der Phosphorsäure mit zwei Amidogruppen lieferten uns die Tetrametaphosphimate [4].

Tabelle 1

Frequenzvergleich zwischen Metaphosphat und Metaphosphimat

Verbindungsklasse (H_2O-haltige Na-Salze)	ν_s PO_2 [cm^{-1}]	ν_{as} PO_2 [cm^{-1}]
Tetrametaphosphate	1109—1117	1265—1290
Tetrametaphosphimat	702—900	1066—1233

Ein Vergleich der PO_2-Valenzschwingungen bei Metaphosphaten und Metaphosphimaten zeigt bei den letzteren eine beträchtliche Frequenzerniedrigung (Tab. 1), die wieder darauf zurückzuführen ist, daß die Beteiligung der d-Zustände an der Bindungsbildung stark zurückgeht, wenn die Sauerstoff-Koordination zur Hälfte von NH_2-Gruppen ersetzt wird. Analoge Ergebnisse beim Austausch der O-Atome gegen Schwefel sind in Tab. 2 verzeichnet.

Tabelle 2

PO-Valenzschwingungen von Thiophosphaten

Monothiophosphat		Dithiophosphat		Trithiophosphat
ν_s PO_3 [cm^{-1}]	ν_{as} PO_3 [cm^{-1}]	ν_s PO_2 [cm^{-1}]	ν_{as} PO_2 [cm^{-1}]	ν PO [cm^{-1}]
960	1070	985	1050	1010
	Vergleichsfrequenzen von Sauerstoffsäuren			
1020	1135	1120	1250	1275
(Pyrophosphat)		Dihydrogenphosphat vgl. Metaphosphate		Phosphorsäure Trimethylester

Die Untersuchung von Halogenophosphorsäuren hat ergeben, daß die bisherigen Zuordnungen und Berechnungen am Fluophosphation [6] verbesserungsbedürftig sind [7].

Unsere Betrachtungen auf niedere Wertigkeitsstufen des Phosphors auszudehnen, schien uns bei Thioverbindungen möglich. Bei der Hydrolyse von Phosphorsulfiden entstehen Thiophosphite, Thiohypophosphite [8] und Thiodiphosphor(1)-säuren [9]. Wir schreiben in den Gemischen dem Monothiophosphition die IR-Absorptionen ν_{as} PO_2 1160 cm^{-1}, ν_s PO_2 1020 cm^{-1} und dem Monothiohypophosphit ν PO 1176 cm^{-1} zu [9]. Es besteht eine gewisse Aussicht, daß die Reindarstellung dieser Stoffe gelingen könnte und vielleicht sogar die für eine Normalkoordinatenanalyse erforderlichen vollständigen Spektren erzielbar sind.

Strukturbetrachtungen konnten wir an ringförmigen PN-Verbindungen anstellen. Achtatomige Ringe sind beim Einbau in Kristallgitter außerordentlich variabel. Wir fanden bei Tetrasilbertetrametaphosphimat 4 verschiedene Modifikationen [10] mit verschiedenen Ringformen. Eine in ähnlicher Weise nach dem Infrarot-Spektrum vor Jahren für die Symmetrie des Ringes des im Salz $Na_4P_4O_{12} \cdot 4\,H_2O$ getroffene Feststellung [11] ist kürzlich durch eine Röntgenstrukturuntersuchung bestätigt worden [12]. Für die höheren Phosphornitrilchloride und -fluoride nehmen wir bei $(PNX_2)_5$ Symmetrie C_{5v} (oder beim Fluorid auch D_{5h}) an, während bei $(PNX_2)_6$ eine der Symmetrien D_{6h}, C_{6v} und D_{3d} vorliegen muß [13]. Wir schließen das im wesentlichen aus dem Verhalten der PNP-Valenzschwingungen um $\approx$1300 cm^{-1} im Infrarot- oder Raman-Spektrum. Diese Schwingungen sind in hohem Maße charakteristisch, weil sie antisymmetrisch innerhalb der PNP-Brücke erfolgen, näherungsweise deshalb die Phosphoratome an den Brückenenden mit ihrer etwa doppelten Masse und der zusätzlichen Bindung an die Halogenatome unbeteiligt sind. Die praktisch natürlich noch vorhandene Kopplung zwischen den einzelnen PNP-Brücken des Ringes führt zu verschiedenen Schwingungen benachbarter Frequenzen, die bei hohen Symmetrien Auswahlregeln unterworfen und z. T. entartet sind. So ergeben sich unsere Strukturaussagen so, daß z. B. bei $(PNCl_2)_6$ in Infrarot-Absorption nur $\tilde{\nu} = 1367$ cm^{-1} beobachtet wird. Wäre $\Delta\tilde{\nu} = 1383$ cm^{-1} aus dem Raman-Spektrum die gleiche Schwingung, so müßte man auf C_{5v} schließen, wäre dagegen nur die Raman-Linie $\Delta\tilde{\nu} = 1187$ cm^{-1} zu berücksichtigen, so wäre die Symmetrie D_{5h}. Als Beispiel einer Zuordnungsfrage seien die P-Phenylschwingungen zu behandeln. Wie wir in den Raman- und Infrarotspektren von Triphenylphosphin und Diphenylphosphin fanden [14], liegen P-Phenylschwingungen als antisymmetrische Valenzschwingung bei 520 cm^{-1}, als symmetrische bei 420 cm^{-1}. Die in der Literatur immer wieder bei $\approx$1000 cm^{-1} und $\approx$1440 cm^{-1} beschriebenen „P-Phenylschwingungen" sind C—C oder γ CH-Schwingungen der Phenylgruppe, treten deshalb bekanntlich genauso bei Si-Phenyl- [15] und B-Phenyl- [16] Verbindungen auf und sollten deshalb auch nur als „Phenylschwingungen" bezeichnet werden. Weitere Zuordnungsuntersuchungen galten der Trimethylammoniumgruppe in organischen Verbindungen [17, 18, 19].

Auch beim Triphenylphosphin schien uns die Auswertung hinsichtlich der Struktur des Moleküls möglich. Wir gelangen zu einer solchen, wo die Ringebenen der Phenylkerne senkrecht zur Grundfläche der von den PC-Valenzen gebildeten flachen 3seitigen Pyramide stehen (Abb. 1).

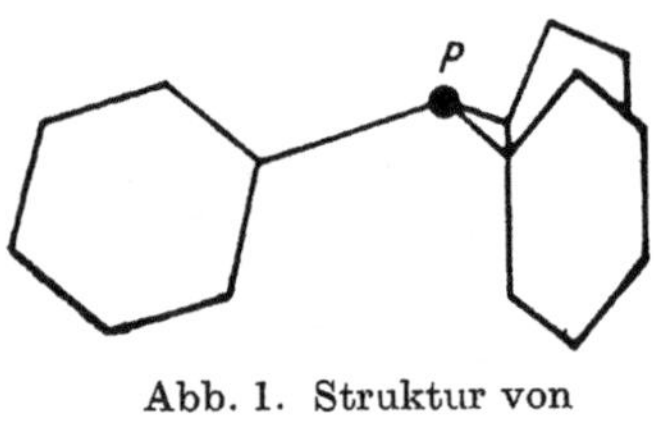

Abb. 1. Struktur von Triphenylphosphin

Dieses Ergebnis ist vielleicht unerwartet, wenn man Wirkungen des aromatischen π-Elektronensystems auf den Phosphor und über den Phosphor hinweg annehmen will, es ist aber — abgesehen von der Berechtigung einer solchen Annahme — gezeigt worden, daß beim Vorhandensein von d-Elektronenzuständen Wechselwirkungen dieser Art nicht an Koplanarität gebunden sind.

Die weitgehende Zuordnung des Triphenylphosphinspektrums war nur möglich, weil wir Infrarot- und Raman-Spektrum nebeneinander vorliegen hatten. Bei Ramanspektroskopischen

Untersuchungen stießen wir auf die Schwierigkeit einer Fluoreszenz bei der üblichen Anregung mit der blauen Hg-Linie von 4358 Å. Im gelben Bereich des Spektrums (Anregung mit Hg 5461 Å, Zeissmonochromatfilter „B") und unter kräftiger Unterdrückung noch vorhandener kurzwelliger Strahlung mit Nitritlösung als weiterem Filter konnten wir dagegen RAMAN-Spektren erhalten.

Von der Betrachtung einzelner Molekeln gelangt man durch problematische Einzelheiten bald zu prinzipiellen Fragen. Meinungsverschiedenheiten über den Trimetaphosphatring [20, 21, 22] führten zu allgemeinen Untersuchungen über die Auswirkung der Kristallsymmetrie im Infrarotspektrum, die allgemeine Unklarheit über gewisse Absorptionen der Amidosulfonsäure zum Studium der NH···O-Wasserstoffbrücken in Kristallen.

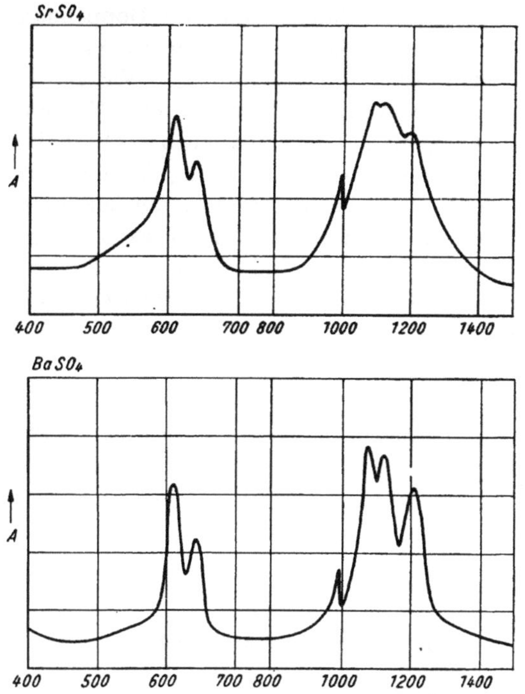

Abb. 2. Kristallsymmetrieeffekte. Umgebungssymmetrie des Anions

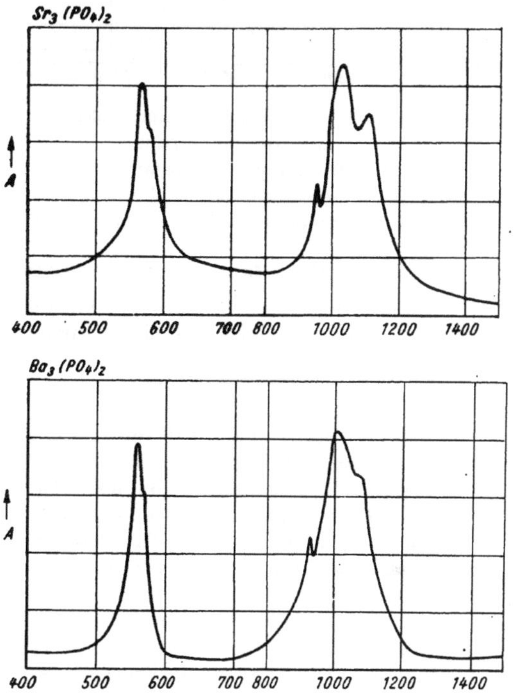

Abb. 3. Kristallsymmetrieeffekte. Umgebungssymmetrie des Anions C_{3v}

Zum Studium der Kristallsymmetrie-Effekte wählten wir die Gesamtheit röntgenographisch gut untersuchter kristallwasserfreier Phosphate und Sulfate [23]. Es hat sich ergeben, daß in allen diesen Fällen die kristallographisch bedingte gegenüber T_d verminderte Symmetrie des Anions (site symmetry, Umgebungssymmetrie) für die Spektren maßgebend ist und daß als zusätzliche Verbreiterungen oder Schultern an den so verursachten Absorptionsbanden die Kopplungseffekte zwischen den verschiedenen Ionen der Elementarzelle sichtbar werden; besonders dann, wenn durch Aufnahmen bei tiefer Temperatur eine Verschärfung der Absorptionen möglich ist. Es ergab sich kein Hinweis auf einen über die klassischen Kristallauswahlregeln hinausgehenden Effekt, wie etwa Kopplung mit Gitterschwingungen u. dgl. Die Kristallsymmetrie wirkt sich aber bei wasserfreien Salzen auch immer voll aus. (Bei Anwesenheit von Kristallwasser wirkt diese abschirmend für die Symmetrie des Anions.) Abb. 2 zeigt Beispiele des Sulfatspektrums für einige aus der isomorphen Reihe mit D_{2h}-Anionensymmetrie herausgegriffene Salze. Bei Phosphaten mit dem im freien Zustand genauso tetraedrischen Ion tritt die ganz andere Umgebungssymmetrie C_{3v} auf (Abb. 3). Die Untersuchung von NH···O-Brücken in Kristallen hat u. E. eindrucksvollere Beispiele

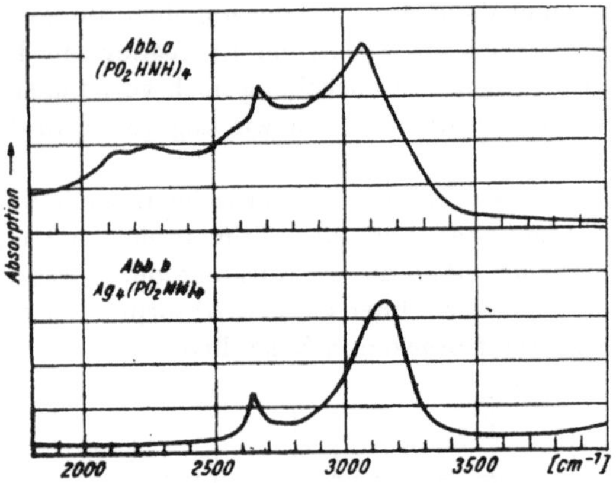

Abb. 4. Wasserstoffbrückeneffekte im Infrarotspektrum
a) Tetrametaphosphimsäure
b) Silbertetrametaphosphimat
Aufnahmen mit UR 10, KBr-Preßlinge

für die Existenz des Wasserstoff-Brücken-Tunneleffekts geliefert, als sie die auf diesen aufmerksam gewordenen Autoren [24, 25] bisher beibringen konnten. Silbertetrametaphosphimat $Ag_4[P_4O_8(NH)_4]$ zeigt gegenüber dem Salz $Ag_8[P_4O_8N_4]$ gleichzeitig mit der Absorption bei 3150 cm^{-1} die damit zusammenliegende Bande bei 2630 cm^{-1}. In Tetrametaphosphimsäure bringen die hinzutretenden OH-Gruppen noch ein entsprechendes Bandenpaar (mit Doppelmaximum, soweit das ohne Überlagerung sichtbar ist) hinzu [26] (vgl. Abb. 4). Wir verfolgten bei Amidosulfonsäure und Natriumhydrogenamidophosphat auch das Verhalten der Banden bei Deuterierung. Mit der Reihe der N-methylierten Amidosulfonsäuren können wir ebenfalls die Zugehörigkeit der beiden entsprechenden Banden zum Wasserstoff beweisen [27]. An Einkristallen der letzteren Verbindung maßen wir die Oberschwingungen und konnten sie auf einen berechneten Potentialverlauf für die NH—O-Brücke zurückführen [28].

Literatur

[1] Steger, E., Berichtsband IVth international meeting on molecular spectroscopy, Bologna 7.—12. 9. 1959, Pergamon Press, im Druck.
[2] Steger, E., Z. anorg. allg. Chem. **309** (1961) 304.
[3] Steger, E., Z. anorg. allg. Chem. **310** (1961) 114.
[4] Lunkwitz, K., Diplomarbeit, Dresden 1961.
[5] Steger, E. u. Seebner, U., unveröffentlicht.
[6] Bühler, K. u. Bues, W., Z. anorg. allg. Chem. **308** (1961) 62.
[7] Dissertation K. Martin, in Bearbeitung.
[8] Steger, E. u. Seebner, U., Naturwiss. **46** (1959) 109; Z. anorg. allg. Chem. **303** (1960) 20.
[9] Dissertation G. Leukroth, in Bearbeitung.
[10] Steger, E. u. Lunkwitz, K., Z. anorg. allg. Chem., im Druck.
[11] Steger, E., Z. anorg. allg. Chem. **294** (1958) 146.
[12] Ondik, H. M., Block, S., Mac Gillavry, C. H., Acta Crystallogr. **14** (1961) 555.
[13] Steger, E. u. Mildner, G., Z. Naturforsch., im Druck.
[14] Steger, E. u. Stopperka, K., Chem. Ber., im Druck. Herrn Prof. Dr. Issleib, Halle, sei auch an dieser Stelle für das Überlassen der Substanzen herzlich gedankt.
[15] Bellamy, L. I., Ultrarotspektrum u. chem. Konstitution, übers. W. Brügel, Darmstadt 1955, S. 243.
[16] Seyferth, D. u. Grim, O., J. Amer. chem. Soc. **83** (1961) 1613.
[17] Steger, E. u. Lorenz, I., J. prakt. Chem., im Druck.
[18] Strack, E., Lorenz, I. u. Steger, E., unveröffentlicht.
[19] Steger, E. u. Herzog, K., unveröffentlicht.
[20] Simon, A. u. Steger, E., Z. anorg. allg. Chem. **277** (1954) 209.
[21] Bues, W. u. Gehrke, H.-W., Z. anorg. allg. Chem. **288** (1956) 307.
[22] Steger, E., Z. anorg. allg. Chem. **296** (1958) 305.
[23] Dissertation W. Schmidt, in Bearbeitung.
[24] Stechanow, Privatmitteilung an K. Stopperka.
[25] Blinc, R. u. Hadži, D., Molecular Physics **1** (1958) 391.
[26] Steger, E. u. Lunkwitz, K., Naturwiss., im Druck.
[27] Dissertation K. Stopperka, in Bearbeitung.
[28] Steger, E. u. Stopperka, K., Naturwiss., im Druck.

Dresden, Institut für anorganische und anorganisch-technische Chemie der Technischen Hochschule

Einige Neuentwicklungen gerätetechnischen Zubehörs für die Molekülspektroskopie

W. Falta

Eine Vorbedingung für in kurzer Zeit zu gewinnende Ergebnisse auch auf molekülspektroskopischem Gebiet ist das Bereitstellen geeigneter Geräte. Ein großer Teil der Untersuchungen, über die vorangehend berichtet wurde, wurde mit dem registrierenden Ultrarotspektralphotometer UR 10 durchgeführt. Durch neuentwickelte Zusatzeinheiten wird der Anwendungsbereich dieses Gerätes erweitert. Über einige ausgewählte Neuentwicklungen soll, obwohl es sich vorerst noch um keine Serienfabrikation handelt, kurz berichtet werden.

Abb. 1. Polarisator (Probenhalterung rechts)

Beim *Ultrarot-Polarisator* (Abb. 1) wird ein Satz von 6 freitragenden Selenfolien der Dicke etwa 7 bis 9 μm benutzt, die bei einem Brechwert von $n = 2{,}54$ im Ultrarot unter dem Brewsterschen Winkel von etwa 65° gegen das einfallende Licht stehen. Der Polarisationsgrad liegt bei 98%, der Transmissionsgrad im Ultrarot bei 35%. Es hat sich als vorteilhafter erwiesen, die Folien möglichst dünn zu machen, da bei dickeren Folien die Erwärmung durch absorbierte Strahlung zu allmählicher Modifikationsänderung des Selens führen kann, obwohl der Absorptionsgrad je Folie geringer als 1% ist.

Da die Spiegel des UR 10 schutzbelegt sind, tritt ein Polarisationsmaximum der den Monochromator verlassenden Strahlung bei etwa 960 cm^{-1} auf, das man bei Messungen mit dem Polarisator unwirksam machen kann, falls man die Polarisationsrichtung in den günstigsten Drehwinkel von 38° bringt. Die dann erhaltene 100%-Linie ist innerhalb von $\pm 2\%$ konstant; es treten lediglich durch Interferenzen an den einzelnen Folien die bekannten Extrema auf.

Die Einrichtung, mit der der Polarisator benutzt wird, besteht aus dem Foliensatz, der in die günstigste Richtung gedreht werden kann. Die Probenhalterung kann gegen den Foliensatz in die Lagen 0° und 90° gebracht werden. Eine Anordnung im linken oder rechten Strahlengang des Küvettenraumes ist wahlweise möglich. — Die Aufbewahrung in einem besonderen Behälter und der Abschluß gegen die Außenluft durch KBr-Fenster schützen die dünnen, spröden Folien vor Zerstörung. (Vgl. hierzu [1].)

Die Untersuchung wasserhaltiger Lösungen im Ultrarot setzt ein Material für die Küvettenfenster voraus, das nicht hygroskopisch ist. Hierfür konnte bisher nur KRS 5 eingesetzt werden. Der für das kürzerwellige Gebiet verwendbare Flußspat ist ein Material-Engpaß. KRS 5 hat den Nachteil, daß es zwar von schwachen alkalischen Medien nicht, dagegen von schwachen Säuren angegriffen wird. Neuerdings steht auch uns das vom VEB Schott und Gen., Jena, entwickelte *Arsensulfidglas* zur Verfügung [2], das von neutralen und sauren wäßrigen Lösungen nicht, dagegen von alkalischen Lösungen angegriffen wird. Einige interessierende Daten sind:

Brechwert $n = 2{,}43$ bei $2\ \mu m$
$= 2{,}38$ bei $10\ \mu m$.
Transmissionsgrad zwischen 1 und 8 μm etwa 70% für $d = 3$ mm.
Reintransmissionsgrad in diesem Bereich etwa 100%.
Verwendbar bis etwa 160 °C.

Als Küvettenmaterial ist Arsensulfidglas bis 900 cm^{-1} (11 μm) nutzbar. Gegenüber dem auf dem Weltmarkt angebotenen Material treten die Absorptionsstellen bei etwa 3500 cm^{-1} nicht auf. Arsensulfidglas ist auch für Linsen, nicht aber für Prismen geeignet, da, durch den hohen Brechwert bedingt, ein Prismenwinkel von nur etwa 28° anwendbar ist. Die praktisch erzielbare Dispersion ist gegenüber der mit anderen Prismenmaterialien für dieses Gebiet erreichbaren zu klein.

Zur Untersuchung kleiner Proben, die noch nicht ausgesprochene mikroskopische Objekte darstellen, muß eine besondere *Mikrobeleuchtungseinrichtung* benutzt werden. Hierzu gibt es zwei Möglichkeiten: Linsen- oder Spiegeloptik. Linsenoptik hat den Nachteil, daß man, um den Wellenzahlbereich auszunutzen, hygroskopisches Kaliumbromid oder lichtempfindliches Silberchlorid verwenden muß. Spiegeloptik stellt höhere fertigungsmäßige Anforderungen, da u. a. elliptische Flächen hergestellt werden müssen. Da Linsenoptik rascher zum Ziel führte, haben wir zunächst diesen Weg beschritten (Abb. 2). Hierbei wird der Strahler in der Probe verkleinert abgebildet. Die Meßfeldgröße für volle Ausnutzung des Querschnittes beträgt 1 mm × 4 mm. Für KBr-Mikrotabletten beträgt der Mindestdurchmesser 3,5 mm bei etwa 1 mm Dicke. (Näheres s. [3].)

Die Anwendung der Mikrobeleuchtungseinrichtung setzt das Vorhandensein geeigneter Küvetten voraus. Es wurde ein Herstellungsverfahren für sogenannte *Blockküvetten* erprobt, bei dem die Bohrung von rechteckigem Querschnitt mit Ultraschall in Steinsalz und Kaliumbromid für die Probenaufnahme vorgenommen wird [4]. Die benötigte Flüssigkeitsmenge beträgt bei einer Schichtdicke von 1 mm etwa 4 μl, der Bedarf der Untersuchungssubstanz liegt in der Größenordnung von 10 μg [3].

Bei der Messung stark absorbierender Substanzen lassen sich Absorptionsstellen oft schlecht erkennen, weil die Extremwerte sich nur wenig aus der Durchlässigkeitskurve herausheben. Man kann diesen Mangel beheben, wenn man gegen eine Vergleichsstrahlung kompensiert, die auf einen wellenzahlunabhängigen festen Wert geschwächt wurde. Ein solches Verfahren mit *Zusatzschwächung* ist in der Photometrie seit Jahrzehnten üblich. Im Ultrarot benutzt man seit langem z. B. Drahtnetze. Der Wunsch, die Vergleichsschwächung auf beliebige

Werte einstellbar zu machen, führte bei einigen Geräten des Weltmarktes zur Entwicklung von Jalousieblenden, die an günstiger Stelle im Strahlengang angeordnet werden. Unsere Untersuchungen ergaben, daß die einfachste Lösung, die gleichzeitig die Linearität des UR 10 praktisch nicht beeinflußt, eine Kammblende darstellt, die am Ausgang des Küvettenraumes so angebracht wird, daß die Kammrichtung gegen die Richtung der Meßblende unter 45° geneigt ist. Man muß die Verstärkung bei der geringeren zur Verfügung stehenden Energie selbstverständlich etwas höher wählen. — Diese Einrichtung ist nachträglich am UR 10 anzubringen [5].

UR-Geräte auf dem Markt besitzen vielfach eine *Slave-Recorder*, einen zweiten, mit dem Originalschreiber meist elektrisch gekuppelten Schreiber, z. B. für Zwecke der Dokumentation. Wir haben in einem Falle für einen UR 10-Benutzer bereits eine Gebereinrichtung für einen

Abb. 2. Mikrobeleuchtungseinrichtung (Lichteinfall von rechts; Küvetteneinsatz im Zwischenraum, der mit den 3 Rändelschrauben justiert wird; links Führungsleisten für das Einsetzen in den Küvettenhalter)

Nachlaufschreiber entwickelt: Mit der Meßblende des UR 10 wird der Abnehmer eines Präzisionspotentiometers gekoppelt und die abgenommene Spannung einem Kompensationsschreiber zugeführt, der die Stellung des Abnehmers aufschreibt. Man kann außerdem einem Markierschreiber die Impulse eines Kontaktgebers zuführen, der am Schreibwerk angebracht wird. Eine solche Einrichtung, die eine räumlich getrennte Anordnung des Zweitschreibers zuläßt, gestattet eine befriedigende lineare Transmissionsgrad-Registrierung, falls der Verzögerer nicht benutzt wird. Mit Verzögerer treten Änderungen im Abszissenmaßstab auf, die nicht linear und damit schlecht erfaßbar sind. Die Benutzung des Verzögerers setzt eine mechanische Kupplung des Papiertransportes mit dem UR 10-Schreibwerk voraus, verlangt also einen Eingriff in das UR 10. Die einfache ungekuppelte Ausführung ist dagegen ohne weiteres nachträglich anbringbar.

Mit einem derartigen Schreiber hat man die Möglichkeit, den Ordinatenmaßstab zu dehnen, den Nullpunkt zu verschieben und den Abszissenmaßstab weitgehend zu ändern. Alle Möglichkeiten des Programmwählers sind ausnutzbar.

Das von uns z. Z. gefertigte UV-Spektralphotometer VSU 1 ist normalerweise bis etwa 1 μm entsprechend 10 000 cm^{-1} mit Photozellen benutzbar. Der Bereich des UR 10 beginnt

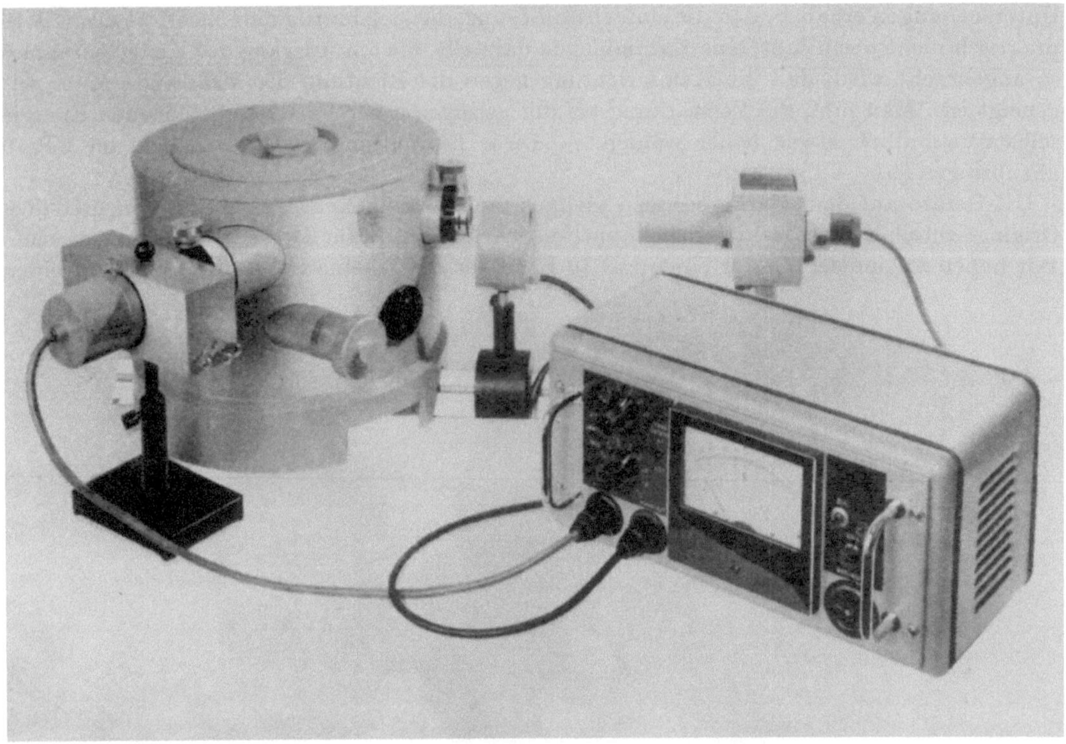

Abb. 3. Meßeinrichtung E zum Universalspektrophotometer VSU 1. (Mit der neuen Form des Spiegelmonochromators SPM 1)

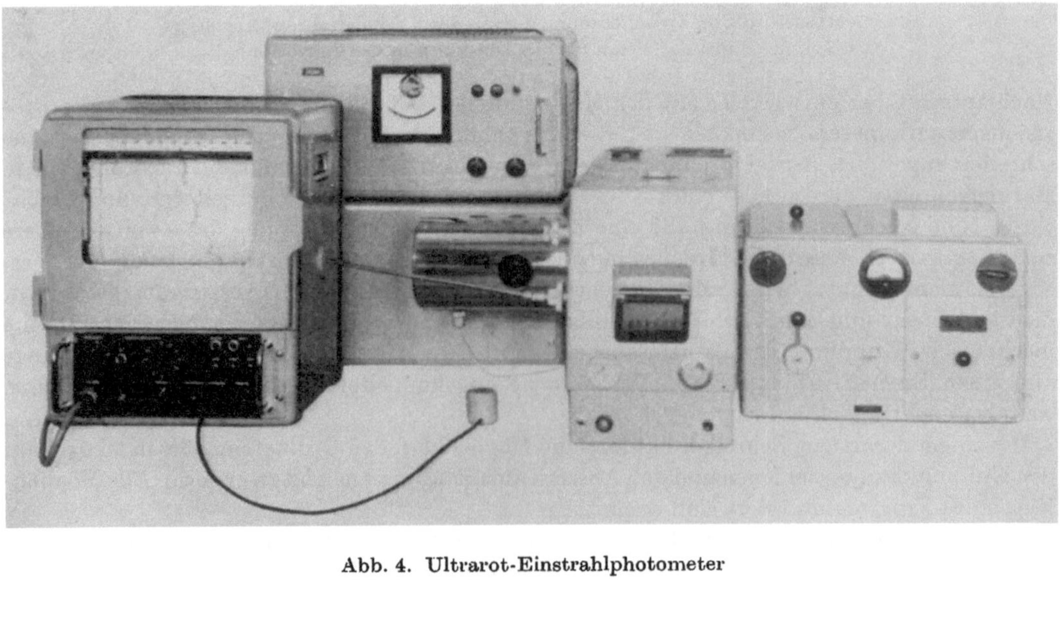

Abb. 4. Ultrarot-Einstrahlphotometer

bei 5000 cm^{-1}. Im Zwischenbereich liegen interessierende Oberschwingungen. Hierfür ist die neue *Meßeinrichtung E* zum Universalspektrophotometer benutzbar. Sie arbeitet nach der Ausschlagmethode unter Benutzung eines *Bleisulfid-Photowiderstandes*, dem mit 400 Hz modulierte Strahlung nach Durchlaufen der Probenwechseleinrichtung zugeführt wird. Die Ablesung erfolgt an einer linear und logarithmisch geteilten ausreichend großen Meßinstrumentenskala. Die Empfindlichkeit ist etwa 20 bis 30mal so groß wie bei der Messung mit Thermoelement und Schleifengalvanometer. Die spektrale Mindestbandbreite beträgt nur etwa den 5. Teil gegenüber der bei der früheren Einrichtung. Der dreistufige Wechselstromverstärker gestattet den Anschluß des neuen Standard-Kompensationsschreibers, so daß eine Einstrahlregistrierung möglich wird (Abb. 3) (vgl. [6]).

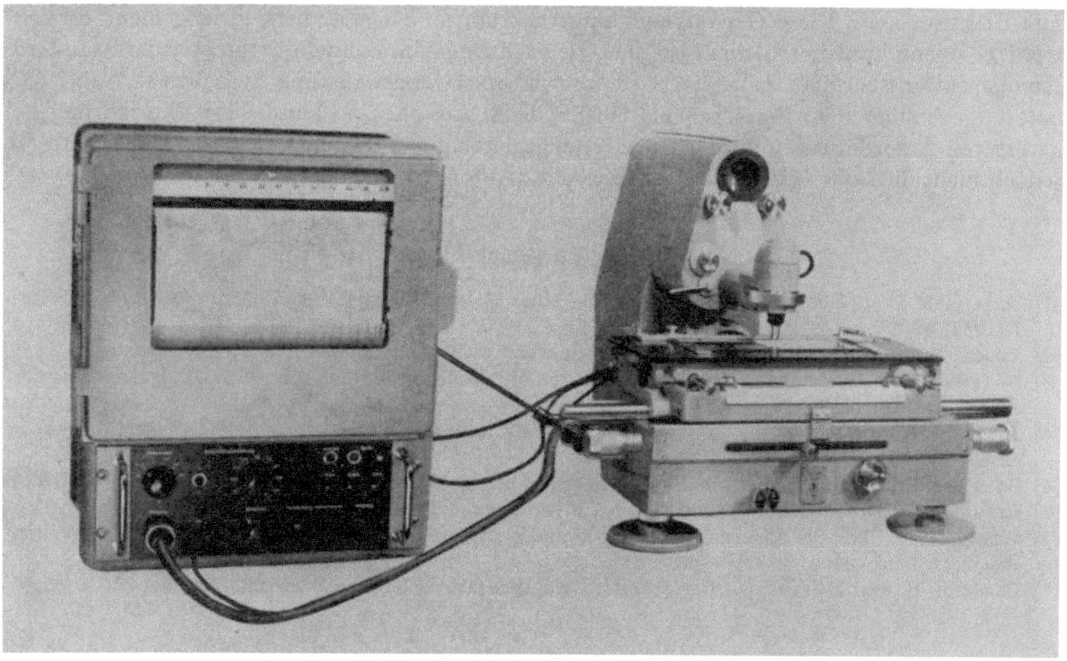

Abb. 5. Schnellphotometer mit Standard-Kompensationsschreiber

Für viele grundsätzliche Untersuchungen ist die Benutzung eines *Ultrarot-Einstrahl-Photometers* nach dem Baukastensystem günstig, da Sondereinrichtungen leichter anzubringen sind. Diese neuentwickelte Anordnung (Abb. 4) besteht aus einer Beleuchtungseinrichtung nebst Probenwechsler mit gekühltem Silitbrenner, der über ein Netzgerät gespeist wird. Hinter dem Spiegelmonochromator SPM 2 ist die Empfängereinrichtung mit Kortum-Thermoelement VTh 1 angeordnet. Vorverstärker und Hauptverstärker für die durch die mit 12,5 Hz modulierte Strahlung erzeugte Thermospannung liefern den an einem Meßgerät mit großer Skala ablesbaren Wert. Wahlweise kann der Standard-Kompensationsschreiber zur Einstrahlregistrierung angeschlossen werden. (Die Zusatzteile sind auch an dem alten Spiegelmonochromator SPM 1 benutzbar.)

Unter den Bauteilen der neuen Einrichtung fällt besonders der neue Monochromator SPM 2 auf, der direkte Ablesung der Wellenlänge in Projektion gestattet. Infolge des Doppeldurchgangs durch das Prisma hat er die doppelte Dispersion des früheren. Die Auflösung ist erheblich besser, so daß die Leistung des Monochromators (vgl. Winter [7]), etwa 8mal so groß ist wie die des früheren Modells SPM 1. Durch Benutzen des Monochromators mit einem Gitter, das wie ein Prisma auf einem besonderen Tisch eingesetzt wird, wird die Dispersion im nahen Ultrarot größer als mit den üblichen Prismenmaterialien erreichbar. Im mittleren Ultrarot ist er mit Skalen für Steinsalz, Lithiumfluorid, Kaliumbromid und KRS 5 ausgerüstet. Darüber hinaus kann man ihn mit Prismen aus beliebigem Material versehen, wie Cäsiumbromid oder Cäsiumjodid, und so das Gebiet bis 200 cm^{-1} zugänglich machen. Dann wird die lineare Winkelteilung nebst Tabelle zur Ablesung benutzt.

Für die *Auswertung von* Raman-*Aufnahmen* kann das lichtelektrische Registrierphotometer Lirepho 2 oder auch das Schnellphotometer benutzt werden. Das Lirepho 2 ist heute mit dem Kompensationsschreiber für Routinemessungen sehr bequem bedienbar geworden. Durch die feste Kupplung ist beim Kompensationsschreiber eine ebenso genaue Zuordnung des Objektes zu der Registrierung gewährleistet wie bei der photographischen Registrierung mit Elektrometer. Diese Genauigkeit kann mit einem Übersetzungsgetriebe nicht erreicht werden. Wenn künftig trotzdem als Zusatzeinrichtung zum Schnellphotometer der Standard-Kompensationsschreiber geliefert wird, der Übersetzungsmaßstäbe zwischen 1,7 und 375 liefert (gegenüber dem Bereich 5 bis 5000 : 1 beim Lirepho), so kann diese Einrichtung bei geringeren Anforderungen an die Übertragungsgenauigkeit sehr gute Dienste leisten, ersetzt jedoch nicht die hohe Genauigkeit des Lirepho (Abb.5) (vgl. auch [8]).

Literatur

[1] Drechsel, L. u. Büttner, H., Entwicklung eines Polarisators mit Selenfolien. Jenaer Rundschau 7 (1962) 2.

[2] Vogel, W. u. Rehfeld, A., Demnächst veröffentlichte Untersuchungen über Arsensulfidglas.

[3] Büttner, H. u. Riesenberg, H., Demnächst veröffentlichter Bericht über eine Mikrobeleuchtungseinrichtung zum UR 10.

[4] Jones, R. N. u. Nadeau, A., Cavity type micro-cells for infrared spectrometry. Spectrochim. Acta **12** (1958) 183—191.

[5] Büttner, H., Demnächst veröffentlichter Bericht über eine Zusatzschwächungseinrichtung zum UR10.

[6] Riegler H., Die Meßeinrichtung E zum Universalspektrophotometer VSU 1 (Ersch. demnächst).

[7] Winter E. Über die Eigenschaften der Monochromatoren. Tagungsbericht „Optik aller Wellenlängen". Jena 1960.

[8] Riegler H. und Möbius G., Der Standard-Kompensationsschreiber. (Ersch. demnächst).

Jena, VEB Carl Zeiss Jena, Labor für optische Meßgeräte

Bei Fragen zur Produktsicherheit wenden Sie sich bitte an:
If you have any questions regarding product safety,
please contact:

Walter de Gruyter GmbH
Genthiner Straße 13
10785 Berlin
productsafety@degruyterbrill.com